AF573547

EXPLICATION
DE
LA JAUGE LOGARITHMIQUE,

PAR F. GATTEY,

MEMBRE DU CONSEIL DES POIDS ET MESURES;

Suivie d'un Extrait de l'Instruction sur le Jaugeage des Futailles; imprimée en 1799 par ordre du Gouvernement.

A PARIS,

CHEZ L'AUTEUR, RUE D'ENFER, N°. 9.

M. DCCC. VI.

EXPLICATION

DE LA JAUGE LOGARITHMIQUE.

Les véritables principes du jaugeage des tonneaux, si long-temps méconnus, ont enfin été fixés invariablement par l'Instruction publiée en l'an 7 (1799) par l'ordre du gouvernement (1). C'est dans cet ouvrage que les personnes qui voudront prendre des notions exactes, et se former des règles sûres pour la pratique des opérations du jaugeage, doivent les chercher. Nous ne nous proposons ici que d'expliquer l'usage du nouvel instrument que nous publions sous le nom de JAUGE LOGARITHMIQUE; et nous supposons les règles du jaugeage parfaitement connues du lecteur, qui sait en général que lorsqu'on veut évaluer la capacité d'un tonneau, il faut réduire ses dimensions à celles d'un cylindre qui aurait pour diamètre le diamètre moyen du tonneau, et pour hauteur sa longueur intérieure (2); que le diamètre moyen du tonneau étant

(1) Voyez ci-après un extrait de cette Instruction.

(2) Pour avoir le diamètre moyen d'un tonneau, il faut prendre séparément le diamètre du bouge et celui des fonds, puis retrancher du plus grand le tiers de la différence : ainsi, par exemple, le diamètre du bouge étant de 618 parties d'une mesure convenue, et celui des fonds de 549, on prendra la différence, qui est 69, dont le tiers 23 étant retranché de 618, il restera pour diamètre moyen 595. *Voyez ladite Instruction.*

déterminé, il faut en déduire la surface du cercle qui fait la base du cylindre, et la multiplier par la longueur intérieure.

L'Instruction officielle propose, pour faire ces calculs effrayans au premier abord, l'emploi d'un moyen qui les simplifie beaucoup, puisqu'il les réduit à l'addition de deux nombres pris dans les tables qui y sont jointes, et dont l'un est indiqué par le nombre qui exprime le diamètre moyen, et l'autre par celui qui exprime la longueur intérieure.

Quelque simple que soit ce procédé, il n'a pu jusqu'ici s'introduire dans la pratique, à cause de l'embarras d'avoir sans cesse les tables à la main pour y chercher les nombres sur lesquels on veut opérer, et de les feuilleter encore après que l'addition en est faite, pour trouver les résultats de l'opération; ce qui, en effet, ne laisse pas de causer quelque gêne, lors surtout qu'on opère en plein air, souvent à la pluie, et qu'on est pressé par une multitude de vérifications qui sont à faire presque simultanément.

L'excellence de cette méthode n'empêchait donc pas qu'il ne restât encore quelque chose à désirer; et nous avons pensé qu'un instrument qui réunirait les avantages qu'elle présente, sans en avoir les inconvénients, ne pourrait manquer d'être accueilli : c'est celui que nous offrons au public (1).

Cet instrument consiste, comme tous ceux de ce genre, en un bâton sur les pans duquel sont tracées des divisions; mais il diffère essentiellement des autres dans

---

(1) Cet instrument est exécuté depuis deux ans, mais quelques circonstances en ont retardé la publication.

la nature et les principes de ces divisions, qui en rendent l'usage applicable, non pas seulement à quelques espèces de tonneaux, mais à tous en général; réduisent les opérations à de simples additions, et donnent immédiatement les résultats, sans qu'on soit obligé de consulter les tables (1).

Il porte deux échelles; l'une, divisée en parties égales, représente les nombres naturels; l'autre, divisée en parties qui vont continuellement en croissant, représente les logarithmes de ces nombres.

Une boîte qui coule sur le bâton, et dont les bords sont taillés en biseau, sert d'index et fait connaître quels sont sur l'échelle logarithmique les nombres correspondans à ceux qu'elle indique en même temps sur l'échelle des parties égales, et réciproquement.

Les divisions de l'échelle des parties égales sont numérotées de 10 en 10 par les chiffres 1, 2, 3, 4, etc., dans leur ordre naturel, et un curseur fixé à la boîte sert à diviser encore chaque partie en dix autres.

Les nombres indiqués par les chiffres qui marquent les divisions principales de cette échelle, peuvent ex-

---

(1) M. Bazaine a construit une jauge qui a, comme la nôtre, l'avantage de pouvoir s'appliquer à des vaisseaux de toutes sortes de grandeurs; mais la même échelle ne peut pas servir à déterminer le diamètre et la longueur; et d'ailleurs l'usage de cet instrument exige des multiplications effectives *.

* Pendant que cet écrit étoit à l'impression, M. Bazaine a publié un ouvrage intitulé: *Cours de Stéréométrie appliquée au Jaugeage*, dans lequel il développe avec beaucoup de détail tous les principes de cette science; il y donne les règles de construction de sa jauge universelle, dite cylindrimétrique, et d'une autre jauge à divisions fixes, dont l'usage n'exige aucun calcul, mais aussi est moins général. On trouvera dans cet écrit beaucoup de notions importantes dans la pratique du jaugeage, et nous invitons les personnes qui sont dans le cas de s'occuper de cet objet, à le consulter.

primer à volonté des unités simples, des dixaines ou des centaines, etc. Les divisions intermédiaires sont, dans tous les cas, des unités de l'ordre au-dessous; savoir, des dixièmes, si les divisions principales sont des unités simples; des unités simples, si les divisions principales sont des dixaines, et ainsi de suite.

Il en est de même des sous-divisions indiquées par le curseur, qui expriment des centièmes, si les divisions principales sont des unités simples, et les divisions intermédiaires des dixièmes, et ainsi de suite.

Supposons, par exemple, que la boîte étant fixée après la cinquième des divisions principales qui sont marquées par des chiffres, entre la seconde et la troisième des divisions intermédiaires, de manière que la fraction indiquée par le curseur soit 4, comme on le voit ici:

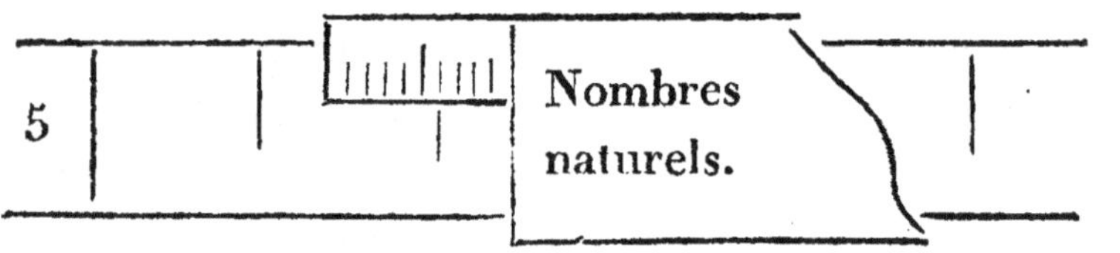

cette quantité pourra à volonté exprimer 5.24, 52.4, 524, 5240, ou bien 0.524, etc.

Cette échelle de parties égales est construite de manière que le diamètre moyen du tonneau étant déterminé en parties de cette même échelle, par exemple, 5.24, si on multiplie ce nombre par lui-même, ce qui donne 27.4576, en multipliant encore ce produit par la longueur intérieure du tonneau que nous supposons de 5.65 parties, nous aurons pour produit total 155.135440, ou simplement 155.14; ce qui sera l'expression de la contenance du tonneau en litres, c'est-à-dire qu'il contiendra 155 litres et 14 centièmes, fraction qu'on peut négliger.

On conçoit que de pareilles opérations seraient longues et fort embarrassantes, s'il fallait les faire par les voies ordinaires du calcul; mais elles deviennent infiniment simples au moyen de l'échelle logarithmique, qui, comme nous l'avons annoncé, les réduit à une simple addition.

Les personnes qui connaissent l'usage des logarithmes, comprendront d'abord celui qu'on peut faire de cette échelle. Nous allons entrer dans quelques explications qui leur sont superflues, mais qui sont indispensables pour ceux à qui cette méthode n'est pas familière.

Les nombres naturels 1, 2, 3, 4, etc., ont pour correspondants d'autres nombres qu'on appelle leurs logarithmes, et dont la propriété est telle, que si deux nombres naturels étant donnés à multiplier l'un par l'autre, on leur substitue leurs logarithmes, l'opération se réduit à la simple addition de ces deux logarithmes, et la somme est un nouveau logarithme dont le nombre naturel est le produit de la multiplication proposée.

Ainsi, par exemple, ayant à multiplier 327 par 19, si à ces deux nombres on substitue leurs logarithmes, qui sont; savoir :

Pour 327, ci..................	2.51455
Et pour 19, ci..................	1.27875
En faisant l'addition, on aura pour	
la somme	3.79330

nouveau logarithme dont le nombre naturel 6213 est le produit de la multiplication de 327 par 19.

Par la même raison, si l'on avait un nombre naturel à multiplier par lui-même, il est clair qu'on n'aurait autre chose à faire que de doubler le logarithme de ce nombre. Ainsi, pour multiplier 7.82 par lui-même, on n'a qu'à doubler son logarithme 0.8932, et l'on aura un nouveau logarithme 1.7864, dont le nombre naturel 61.1524, ou simplement 61.15, sera le produit cherché de la multiplication de 7.82 par lui-même ou son carré.

On a pu remarquer que dans les logarithmes des exemples que nous venons de donner, il y a un chiffre qui est séparé des autres par un point; ce chiffre, qui est toujours le premier, se nomme *la caractéristique*; c'est lui qui sert à donner au premier des chiffres qui composent le nombre naturel correspondant, la valeur qu'il doit avoir; en sorte que, selon l'indication de la caractéristique, le même chiffre exprime des unités d'un ordre plus ou moins élevé.

Il est convenu que 0 est la caractéristique des unités simples, 1 la caractéristique des dixaines, 2 celle des centaines, 3 celle des mille, etc. Il suit de là que le même logarithme peut avoir pour correspondant un nombre naturel dix fois, cent fois, mille fois, etc., plus grand ou plus petit, selon que sa caractéristique se rapporte à des unités d'un ordre plus ou moins élevé.

Réciproquement, des nombres qui seront exprimés par les mêmes chiffres, encore qu'ils aient des valeurs dix fois, cent fois, mille fois plus grandes ou plus petites, auront le même logarithme, à l'exception de la caractéristique, qui sera un chiffre d'autant plus élevé que le nombre sera plus grand.

Ainsi, par exemple, 8932 étant le logarithme d'un

nombre exprimé par les chiffres 7, 8, 2, si la caractéristique de ce logarithme est 0, le nombre sera 7.82; si la caractéristique est 1, il sera 78.2; il sera 782, si la caractéristique est 2, et 7820, si la caractéristique est 3 : ainsi de suite.

On peut aussi considérer la caractéristique d'un logarithme comme indiquant la quantité des chiffres qui dans le nombre naturel correspondant, doivent suivre le premier, non compris toutefois les décimaux. Ainsi, par exemple, la caractéristique d'un logarithme étant 4, on en conclura qu'après le premier chiffre du nombre naturel correspondant, il doit y en avoir quatre autres; en sorte que si le nombre était exprimé par les chiffres 2694875, on compterait quatre chiffres après le premier qui est 2, et séparant les autres par un point décimal, on aurait 26948.75. — Si le nombre naturel est exprimé par un seul chiffre quelconque, par exemple un 7, on y ajoutera quatre zéros, et l'on aura 70000.

Mais, de ce que la caractéristique d'un logarithme n'a d'autre destination que de faire connaître à quel ordre appartient le premier chiffre du nombre naturel correspondant, il s'ensuit qu'on n'a pas besoin de l'employer toutes les fois qu'il ne peut y avoir d'équivoque sur la valeur véritable de ce premier chiffre; et c'est ce qui a lieu dans les opérations du jaugeage, où il est impossible à l'œil le moins exercé de se tromper sur la capacité d'un vaisseau, du simple au décuple ou au centuple, et réciproquement; de donner, par exemple, 25 litres pour la contenance d'un tonneau dont le volume annonce qu'il en contient plus de cent; de prendre 160 litres pour 16, 300 pour 30, 4 pour 40 ou pour 400, etc.

En mettant sous la forme d'échelle les logarithmes des nombres naturels qui sont représentés par l'échelle des parties égales de notre jauge, nous avons donc pensé qu'il était non seulement sans inconvénient, mais même utile de supprimer la caractéristique, parce qu'il en résulte une plus grande simplicité dans les opérations ; et en cela, d'ailleurs, nous nous sommes conformés à l'usage assez généralement adopté, de ne point les écrire dans les tables de logarithmes. Cette seconde échelle de notre jauge n'est, en effet, autre chose qu'une table de logarithmes présentée sous la forme graphique, comme les nombres naturels le sont eux-mêmes sur la première échelle (1).

La seule attention que l'on doit avoir à raison de cette suppression de la caractéritisque, c'est que lorsque par l'addition des logarithmes sur lesquels on aura opéré, il viendra un chiffre qui devrait être ajouté à la caractéristique, si elle était écrite, il faudra le supprimer comme elle.

Mais tout ceci s'expliquera mieux par des exemples.

Premier Exemple.

On propose de déterminer par le moyen de la jauge la contenance d'un tonneau dont les dimensions réduites donnent pour diamètre moyen 6.55 parties de

---

(1) Les divisions de l'échelle logarithmique sont numérotées comme celles des parties égales, de dix en dix, par les chiffres 1, 2, 3, 4, etc., dans leur ordre naturel; mais comme ces divisions ne sont point égales, on n'a pu y appliquer un curseur pour marquer les sous-divisions ; celles-ci ont été tracées effectivement sur l'instrument, dès que l'espace s'est trouvé assez grand pour le permettre; dans les autres, on y suppléera par simple estimation.

l'échelle des nombres naturels, et pour la longueur intérieure 6.87.

On cherchera, au moyen de l'index placé sur le nombre 655 de l'échelle des parties égales, quel est sur l'échelle logarithmique le nombre correspondant, et ayant trouvé 816, on écrira ce nombre deux fois, comme on le voit ici .... { 816 / 816

On cherchera ensuite sur la même échelle, et par un semblable procédé, le logarithme correspondant à 687, qui est, ci 837

On fera l'addition, et la somme sera, ci.. 2469

dont retranchant le premier chiffre 2 qui aurait du être ajouté à la caractéristique si elle eût été écrite, il restera 469.

On placera l'index sur ce nombre 469 de l'échelle logarithmique (1), et l'on trouvera que le nombre naturel correspondant est à très peu près 295. Ce sera la contenance du tonneau dont le volume annonce assez que sa capacité ne peut être ni de 2950 litres, ni de 29 litres et 5 dixièmes, et encore moins de 2.95.

Il est clair que dans cette opération, en doublant le logarithme du diamètre, nous avons multiplié ce diamètre par lui-même, et que, lorsqu'à ce logarithme doublé, nous avons encore ajouté le logarithme de la longueur, nous n'avons fait autre chose que de multi-

(1) L'espace en cet endroit étant trop resserré pour qu'on ait pu sous-diviser effectivement les divisions intermédiaires en dix parties, on évaluera à l'œil le troisième chiffre 9, c'est-à-dire que l'on placera l'index à environ 9 dixièmes de cette division, et tout près de la septième. Avec un peu d'habitude, on saura bientôt prendre autant de dixièmes d'une division qu'il en faudra.

plier le carré du diamètre par la longueur; opération qui, comme nous l'avons déjà fait remarquer, et d'après les principes de construction de l'échelle des parties égales de notre jauge, suffit pour donner la contenance d'un tonneau.

En effet, si vous multipliez le diamètre moyen 6.55 par lui-même, vous aurez pour produit 42.9025, qui, multiplié à son tour par la longueur 6.87, donnera pour la contenance du tonneau 294.74, ce qui ne diffère pas sensiblement de 295. Et l'exactitude des divisions de notre jauge est telle, qu'en effet, si on eût tenu compte des fractions négligées, on aurait trouvé non pas 295 litres pour la contenance du tonneau, mais 294 et une fraction de 7 à 8 dixièmes.

Deuxième Exemple.

On propose de déterminer la contenance d'un tonneau dont le diamètre moyen est de 487 parties de l'échelle des nombres naturels, et la longueur intérieure de 515.

Placez l'index sur le nombre naturel 487, et vous trouverez que le logarithme correspondant est entre 687 et 688, c'est-à-dire 687 plus une fraction qu'on peut évaluer à 5 dixièmes. Soit 6875, nombre que vous

écrirez deux fois comme il l'est ici..... {	6875 6875
Vous placerez ensuite l'index sur le nombre naturel 515 qui exprime la longueur, et vous trouverez pour logarithme correspondant, ci.	7120
Vous ferrez l'addition, dont la somme étant, ci	2.0870

vous supprimerez le premier chiffre 2, ou plutôt vous ne l'écrirèz pas, et il vous restera 0870, nombre sur lequel il faudra placer l'index de l'échelle logarithmique.

Mais si vous le prenez au commencement de cette échelle entre 0 et 1, les divisions se trouveront trop rapprochées pour que vous puissiez apprécier exactement le troisième chiffre 7; il sera mieux de le chercher à l'autre bout de l'échelle, au commencement de la seconde série, où les espaces sont dix fois plus grands. L'index étant donc placé sur ce nombre 0870, qui se trouve entre 0 et 1 de la seconde série, vous aurez pour nombre naturel correspondant 122.15, ce qui vous fera connaître que la contenance du tonneau est de 122 litres et 15 centièmes; car on voit assez à son volume qu'elle ne peut être ni de 1221.5 ni de 12.215.

L'opération faite par la voie du calcul ordinaire aurait donné 122.142.

Troisième Exemple.

Supposons encore un tonneau dont les dimensions réduites donnent pour le diamètre moyen 436 parties de l'échelle des nombres naturels, et pour la longueur intérieure 527.

Nous prendrons le logarithme de 436, qui est, ci 6395

Nous l'écrirons une seconde fois, ci..... 6395

Nous y ajouterons le logarithme de 527, ci. 7218

La somme sera, ci 0008

Nous chercherons le nombre naturel correspondant à ce nouveau logarithme 0008, qui est presque la même chose que 0; et, soit que nous le prenions au commencement de la première série, soit que nous le prenions au commencement de la seconde, nous trouverons également que la contenance cherchée est de 100 litres; car le volume du tonneau annonce assez qu'elle ne peut être ni de 10 ni de 1000 litres.

C'est pour fixer les idées, que dans les exemples précédents nous avons déterminé les dimensions des tonneaux en nombres naturels, auxquels ensuite nous avons substitué leurs logarithmes; mais dans la pratique, il sera bien plus expéditif de prendre tout de suite ces dimensions en parties de l'échelle logarithmique, puisque par là l'opération sera d'autant plus abrégée; et l'on n'aura à consulter l'échelle des nombres naturels que pour en connaître le résultat, comme on va le voir dans les exemples suivants.

Quatrième Exemple.

Soit un tonneau dont le diamètre moyen répond sur l'échelle logarithmique au nombre	{ 674 674
et la longueur intérieure au nombre	723
L'addition de ces trois logarithmes donnera.	071

dont nous trouverons que le nombre naturel est 1178; ce qui fera connaître que la contenance du tonneau est, suivant son volume, de 117 litres et 8 dixièmes, de 1178 litres, ou de 11 litres et 78 centièmes.

Cinquième Exemple.

Suppposons un autre tonneau dont le diamètre moyen est en parties de l'échelle logarithmique...........................	{ 635 635
et la longueur intérieure, ci	730
Somme, ci..........................	000

dont le nombre naturel sera 1, 10, 100, 1000, ou 0.1, suivant le volume du vaisseau.

Nous multiplierions les exemples sans instruire davantage notre lecteur, qui trouvera dans ceux que nous venons de donner, une indication suffisante de la marche qu'il doit suivre pour toutes les opérations qu'il peut être dans le cas de faire, mais qui en apprendra bien plus par une pratique de quelques jours.

Nous lui ferons remarquer seulement comme un point essentiel, que toutes les fois qu'un logarithme contiendra des zéros, il faudra avoir grand soin de les écrire, afin que les chiffres significatifs qui viennent ensuite conservent leur valeur; autrement on s'exposerait à des erreurs considérables.

Ainsi, par exemple, pour le logarithme de 101, qui est 0043, il faudrait bien se garder de supprimer les zéros, et d'écrire 43 seulement, parce que ce nombre n'est pas 43 centièmes de l'unité censée exprimée par la caractéristique, mais bien 43 dix millièmes.

De même, pour le logarithme de 115, on n'écrira pas 606, mais bien 0606; pour celui de 1002, on n'écrira pas 9, mais bien 0009.

En un mot, le chiffre qui marque la principale division, qu'il soit significatif ou non, doit toujours être écrit le premier, et les autres ensuite. Pour se familiariser avec la manière d'écrire les logarithmes, il sera bon de consulter les tables jointes à l'Instruction officielle ci-après.

Nous remarquerons encore que quoique la longueur ordinaire de la jauge soit bornée à 13 ou 14 décimètres, on peut néanmoins s'en servir pour apprécier la contenance d'un tonneau dont la longueur excèderait de beaucoup ces dimensions, parce qu'alors on la mesurerait en deux fois.

Pour mesurer la longueur du tonneau en deux fois, on y appliquera la jauge parallèlement à sa longueur ; on marquera sur une douve le point correspondant au nombre 1000 de l'échelle des nombres naturels, marqué 10 ; on mesurera ensuite le restant de la longueur du tonneau, et ajoutant à 1000 la quantité trouvée, on aura la longueur totale, dont on prendra ensuite le logarithme.

Supposons, par exemple, qu'ayant à opérer sur un tonneau plus grand que la jauge, on ait marqué d'abord sur une des douves le point correspondant au nombre 1000 des parties égales, et que l'on ait ensuite trouvé 387 pour la partie restante, la longueur totale sera 1387, dont le logarithme, pris au commencement de la première série, sera 142.

Quelle que soit, en effet, la longueur du tonneau, on trouvera toujours le logarithme qui l'exprimera, sinon dans la seconde série de l'échelle logarithmique, au moins dans la première. Ainsi, par exemple, pour 1387, quoique l'échelle des nombres naturels n'aille que jusqu'à 1300, on y trouvera cependant ce nombre 1387, en donnant aux chiffres qui expriment les principales divisions une valeur décuple, et en plaçant l'index au commencement de l'échelle, de manière que la troisième des divisions intermédiaires après le chiffre 1, réponde à la huitième du curseur, plus une fraction qu'on évaluera à 7 dixièmes ; et l'on verra en même tems que le logarithme correspondant est 142.

Notre jauge est susceptible de toutes les formes de constructions des jauges ordinaires, et de tous les accessoires qu'on peut juger à propos d'y ajouter pour en faciliter l'usage. Elle peut être faite en fer ou en bois; elle peut être garnie de crochets pour prendre exactement, soit le diamètre des fonds, comme avec un compas à verge, soit la longueur intérieure des tonneaux (1). Elle peut être brisée comme les doubles mètres ou les anciennes toises, ou ployante comme les mètres des tapissiers; mais celles qui seront d'une seule pièce, seront toujours préférables, et surtout celles qui seront en fer.

Quant aux jauges qui seront en bois, comme l'impression continuelle du liquide en peut à la longue effacer les divisions, on se dispensera fort bien de les plonger dans les tonneaux, en se servant pour mesurer le diamètre du bouge, soit d'une verge de fer, soit d'un bâton quelconque non divisé, et en reportant ensuite sur la jauge la quantité marquée, ou bien en employant pour le même objet un ruban, comme l'indique l'Instruction officielle; mais qui, pour qu'on ne soit pas obligé de recourir à des tables, est divisé de manière que les nombres qui y sont marqués, expriment non la circonférence du bouge, mais son diamètre, dont il ne reste plus qu'à retrancher la double épaisseur des douves pour avoir le diamètre intérieur (2).

---

(1) Les jauges construites sous la direction de l'auteur portent un crochet mobile qui se fixe à une distance du commencement des échelles, égale au double de la saillie des jables et de l'épaisseur des fonds, au moyen de quoi en mesurant la longueur extérieure du tonneau, on a immédiatement sa longueur intérieure.

(2) Ce ruban, dont l'usage est fort commode toutes les fois que les circonstances permettent de s'en servir, est renfermé dans une boîte ou barillet, où il est retenu par un ressort qui l'y fait rentrer de lui-même lorsqu'on en a fait usage.

Le diamètre moyen du tonneau se détermine ordinairement par le calcul, en prenant la différence du diamètre du bouge à celui des fonds, et en retranchant du plus grand diamètre le tiers de cette différence. On se servira avec beaucoup d'avantage, pour cette opération, d'un compas de réduction dont les branches opposées seront entr'elles dans le rapport de 2 à 3, et au moyen duquel, après qu'on aura mesuré avec les grandes branches la différence qui se trouve entre le diamètre des fonds et celui du bouge, il suffira de retourner le compas en appliquant l'une des pointes des petites branches sur le nombre de l'échelle qui exprime le diamètre des fonds, pour avoir tout de suite le diamètre moyen exprimé par le nombre auquel correspondra l'autre pointe; et cette opération, qui peut se faire directement sur l'échelle logarithmique comme sur celle des parties égales, dispensera ainsi de tout calcul, et accélèrera par conséquent le travail.

Le principe de construction de l'instrument dont il s'agit, est tel, qu'avec une petite jauge qui n'aura que 20 à 30 centimètres de longueur, on pourra faire au besoin quelques vérifications peu importantes, et apprécier promptement et assez exactement la contenance des plus petits vaisseaux (1).

Ses propriétés ne se bornent point au jaugeage des tonneaux; il peut être employé à faire, sinon fort exactement, du moins par approximation, toutes les opérations qui se font sur les nombres par la voie des loga-

(1) Ces petites jauges, qui peuvent se porter dans la poche, seront surtout utiles aux chimistes, aux physiciens et à beaucoup d'autres personnes de diverses professions, qui ont souvent besoin de connaître la capacité des vases qu'ils veulent employer.

rithmes. Il n'y a, pour cela, qu'à considérer l'échelle des parties égales et l'échelle logarithmique, comme formant ensemble une table de logarithmes; mais alors il conviendra d'ajouter à chaque logarithme sa caractéristique.

Ainsi, par exemple, si l'on voulait multiplier 375 par 64, on prendrait séparément le logarithme de 375, qui est 574, auquel ajoutant la caractéristique 2, qui est celle des centaines, on en fera........ 2.574
puis le logarithme de 64, qui est 806, et avec
la caractéristique des dixaines, qui est 1, ci. . 1.806

On ferait l'addition dont la somme est, ci. 4.380

Et plaçant l'index sur le nombre 380 de l'échelle logarithmique, on trouverait que le nombre naturel correspondant est 24, à quoi ajoutant trois zéro, parce que la caractéristique 4 indique qu'il doit y avoir quatre chiffres après le premier, on aurait pour produit 24000.

Réciproquement, si l'on voulait diviser 24000 par 375, on prendrait séparément le logarithme
de 24000, qui est avec sa caractéristique 4, ci 4.380
puis celui de 375, ci 2.574
et la soustraction faite, il resterait........ 1.806
nouveau logarithme dont le nombre naturel 64 serait le quotient de la division proposée.

On pourra se servir du même moyen pour convertir en mesures nouvelles telles quantités qu'on voudra de mesures anciennes dont on connaîtra le rapport avec les premières, et réciproquement.

Ainsi, par exemple, le jaugeage d'un tonneau ayant donné 258 litres, si l'on veut savoir à combien d'anciennes pintes de Paris revient cette quantité, le rapport du litre à la pinte de Paris étant connu; savoir, 1.074,

on prendra séparément le logarithme de ce dernier nombre, qui est avec sa caractéristique o, ci 0.031
et celui de 258, qui est avec sa caractéristique 1, ci.............................. 1.412

on fera l'addition dont la somme est, ci.... 1.443
et cherchant sur l'échelle des nombres naturels celui qui correspond à ce dernier logarithme, on trouvera que la valeur de 258 litres en pintes de Paris est 272.

Nous avons joint aux deux échelles qui constituent notre jauge, une troisième échelle qui est celle du mètre. Cette dernière échelle pourra être employée dans toutes les opérations étrangères au jaugeage des tonneaux; comme, par exemple, s'il s'agissait d'apprécier la solidité d'un prisme ou la capacité d'un vaisseau carré, etc. Après avoir mesuré en mètres et parties du mètre les dimensions de ce prisme ou de ce vase, on se servira des échelles de notre jauge comme d'une table de logarithmes, pour déterminer sa solidité ou sa capacité.

Mais le véritable but que nous avons eu en portant cette échelle sur notre instrument, a été de mettre les jaugeurs à portée de vérifier au besoin leurs opérations, par le moyen indiqué dans l'Instruction officielle; et nous pensons qu'il sera bon que les personnes qui voudront se rendre familier l'usage de la jauge logarithmique, s'exercent d'abord à faire leurs opérations concurremment par les deux moyens, c'est-à-dire, qu'après avoir mesuré avec l'échelle métrique les dimensions d'un tonneau, et en avoir trouvé la contenance au moyen des tables, elles répètent la même opération avec la jauge logarithmique, et réciproquement. Elles en retireront très promptement l'avantage de pouvoir se servir exclusivement et sûrement de notre instrument, qui les dispensera d'avoir recours aux tables (1).

Quelque simple que soit l'usage de l'instrument que nous venons de décrire, on ne peut dissimuler cependant qu'il n'ait encore quelque chose de gênant dans la nécessité où il met d'écrire les logarithmes et d'en faire l'addition. Il est vrai que ces logarithmes n'étant que de trois ou quatre chiffres, et le calcul se réduisant à une simple addition, que l'on peut faire avec de la craie sur le tonneau même, sur un mur, sur une ardoise, ce sera toujours la partie de toute l'opération qui prendra le moins de temps.

Il serait bon néanmoins que l'on pût encore s'épargner cet embarras, et l'on en trouvera le moyen dans l'emploi d'un autre instrument extrêmement commode, que nous avons déjà publié sous le nom de Cadran logarithmique, avec le secours duquel on n'aura pas besoin de l'échelle logarithmique ; et les opérations pourront se faire avec la seule échelle des nombres naturels, sans qu'on soit obligé d'écrire aucun nombre.

Le diamètre moyen du tonneau étant déterminé, par exemple, à 718 parties de l'échelle des nombres naturels, on placera l'index du cadran intérieur sur le nombre 718 du cadran extérieur; on cherchera sur celui-ci le nombre correspondant à 718 pris à son tour dans le cadran intérieur, nombre qui est 516, on y ra-

---

(1) C'est dans l'intention de faciliter cette étude comparative des opérations du jaugeage, que nous nous sommes déterminés à ajouter à cet écrit un Extrait de l'Instruction officielle et des tables qui y sont jointes ; ouvrage qui, quoiqu'il ait été répandu abondamment par les soins du gouvernement, n'est cependant pas autant connu qu'il mérite de l'être par son importance et son utilité.

mènera de suite l'index du cadran intérieur ; puis, laissant le cadran dans cet état, on s'occupera à mesurer la longueur intérieure du tonneau.

Cette longueur étant déterminée, par exemple, à 754 parties de l'échelle des nombres naturels, sans rien changer à la position du cadran, on cherchera sur l'échelle intérieure le nombre 754, et l'on verra du même coup-d'œil que le nombre correspondant sur l'échelle extérieure est 389 ; ce qui, suivant le volume du vaisseau, fera connaître que sa contenance est de 389 litres, 38 litres et 9 dixièmes, 3 litres 89 centièmes, etc. (1).

Ainsi l'on n'aura véritablement rien à écrire, et l'on pourra faire toutes les opérations du jaugeage avec la seule échelle des nombres naturels.

La jauge logarithmique se vend à Paris chez le sieur Kutsch, ingénieur mécanicien, rue de la Tixeranderie, n^e^. 60, qui, pour prévenir les contrefaçons, déclare qu'il n'en livrera aucune qu'elle ne porte son nom et la marque de l'auteur.

On trouve chez le même artiste des petites jauges de poche, des compas de réduction pour prendre le diamètre moyen du tonneau, des rubans pour prendre le diamètre du bouge en mesurant sa circonférence; toutes sortes de nouvelles mesures, et en général tous les instruments de mathématique.

Le cadran logarithmique se vend chez l'auteur, rue d'Enfer, n°. 9, où l'on en trouvera de diverses grandeurs en carton, en cuivre et en plaqué d'argent. L'auteur n'avouera que ceux qui porteront son nom et sa marque particulière.

Les lettres doivent être affranchies.

---

(1) Voir au surplus l'explication des usages du cadran logarithmique ; on y trouvera l'indication d'une autre méthode pour faire les opérations du jaugeage avec l'échelle du mètre, sans avoir besoin d'écrire aucun nombre.

RAPPORT

Fait à son excellence le Ministre de l'intérieur, par M. le Sénateur Monge, sur LA JAUGE LOGARITHMIQUE *de M. Gattey.*

DANS l'*Instruction sur le Jaugeage des Futailles*, publiée en l'an 7, par le ministre de l'intérieur, cette opération consiste à convertir la capacité de la futaille en celle d'un cylindre de même longueur ; et l'on fait voir que le diamètre de ce cylindre est sensiblement égal au diamètre du bouge de la futaille, moins le tiers de la différence de ce diamètre à celui des fonds. Ainsi, le jaugeage se réduit à multiplier l'aire de la base du cylindre par la longueur de la futaille mesurée entre ses deux fonds.

Pour faciliter cette opération, l'Instruction donne une table qui contient deux colonnes de logarithmes, dont l'une présente les logarithmes des nombres naturels, et sert pour les longueurs des futailles, et dont l'autre présente les logarithmes des aires des cercles ; en sorte que pour jauger une futaille, il ne s'agit que de prendre dans la première colonne le logarithme de la longueur de la pièce, et dans la seconde le logarithme qui correspond au diamètre moyen, et la somme de ces deux logarithmes est celui de la capacité de la futaille.

C'est à cette opération déjà fort simple, que M. Gattey apporte deux simplifications nouvelles, qui doivent en rendre l'usage plus commode et plus sûr.

Première simplification.

L'emploi de deux colonnes de logarithmes n'a pas toute la simplicité qu'on peut désirer dans une opération aussi fréquente que celle du jaugeage; et d'ailleurs il expose au danger de prendre par mégarde le logarithme d'une des colonnes pour celui de l'autre. M. Gattey a tâché de n'avoir besoin que des seuls logarithmes des nombres naturels, et il y est parvenu d'une manière ingénieuse.

Pour cela, en prenant toujours le mètre cube pour unité de capacité, il ne le considère pas sous la forme cubique, mais il le convertit en un cylindre dont la longueur est égale au diamètre; et c'est le diamètre de ce cylindre qui est l'unité de sa mesure linéaire, avec laquelle il propose de mesurer les longueurs et les diamètres des futailles. Or, on sait que les capacités des différents cylindres sont entr'elles comme les produits de leurs longueurs par les carrés de leurs diamètres; donc, lorsque la longueur et le diamètre moyen d'une futaille auront été pris, au moyen de cette mesure linéaire, sa capacité (c'est-à-dire, le nombre de mètres cubes ou kilolitres qu'elle contient) sera égale au produit de la longueur par le carré du diamètre.

Par là, si l'on fait usage des logarithmes, il s'agira d'ajouter deux fois le logarithme du diamètre moyen à celui de la longueur, pour avoir le logarithme de la capacité ; ce qui dispense de la seconde colonne de logarithmes, sans compliquer l'opération.

Seconde simplification.

L'usage direct de la méthode publiée dans l'Instruction de l'an 7, indépendamment de la jauge proprement dite qui sert à prendre les mesures, exige que le jaugeur ait toujours à la main le livre qui contient les deux colonnes de logarithmes, qu'il le feuillette à chaque instant, au risque de se tromper quelquefois sur le nombre. Ce livre, d'ailleurs, sera exposé à la pluie ; il tombera dans la boue, quelquefois même dans la liqueur que contient la futaille, si celle-ci est défoncée, etc.

M. Gattey se délivre à la fois de tous soins à cet égard et de la crainte de commettre des erreurs, en plaçant tout cela sur la jauge même, qui est d'ailleurs indispensable pour la mesure actuelle. Cette jauge est, comme toutes les autres, une verge carrée, sur une des faces de laquelle il porte le diamètre du cylindre qui lui sert d'unité ; et ce diamètre, qui est divisé en centièmes effectifs, peut l'être en millièmes, par un nonius que porte un curseur : c'est cette échelle qui lui sert de mesure pour les longueurs des futailles et pour leurs diamètres moyens. Sur une autre face adjacente de la jauge, il a construit une échelle de logarithmes correspondants aux nombres de la première face, considérés comme nombres naturels ; de manière que le curseur, qui indique sur la première face un nombre naturel, correspond sur l'autre face au logarithme de ce nombre et réciproquement. Au moyen de cet instrument, il obtient facilement, et sans crainte d'erreur, les deux logarithmes dont il a besoin pour son opération, et lorsqu'elle est faite, il trouve avec la même facilité le nombre qu'il cherche, et qui est la capacité de la futaille, exprimée en mètres cubes ou kilolitres.

On voit donc que la jauge présentée par M. Gattey est d'un usage très-commode, et qu'elle simplifie d'une manière notable l'opération déjà si simple qui avait été prescrite par l'Instruction de l'an 7; ce qui, en pareille matière, est d'une grande importance.

Il serait à désirer que l'emploi en fût ordonné par le gouvernement.

Je ne dois pas terminer ce rapport, sans déclarer que la jauge que M. Gattey a fait faire avec beaucoup de soin, et qu'il a mise sous mes yeux, est exécutée avec une très grande précision, qui fait honneur à l'intelligence et à la dextérité de l'artiste auquel il s'est adressé pour cet objet.

Paris, le 17 avril 1806.

Signé MONGE.

EXTRAIT

DE L'INSTRUCTION SUR LE JAUGEAGE DES FUTAILLES,

Publiée en l'an VII (1799), *par ordre du Ministre de l'intérieur.*

APRÈS un examen rapide des diverses méthodes employées précédemment pour le jaugeage des tonneaux, l'auteur explique les vrais principes de ces opérations, lesquels consistent à réduire le tonneau dont on veut connaître la capacité, à un cylindre qui ait pour diamètre le diamètre moyen du tonneau, et pour hauteur sa longueur intérieure.

Il fait connaître ensuite que la règle la plus sûre pour avoir le diamètre moyen d'un tonneau, est de mesurer séparément le diamètre du bouge et celui des fonds, et de retrancher du plus grand diamètre le tiers de la différence. Le reste est le diamètre moyen du tonneau, et par conséquent celui qui sert de base au cylindre dont il s'agit d'évaluer la solidité.

Pour faire cette opération par la méthode ordinaire, il faut commencer par déterminer la surface du cercle qui forme la base du cylindre, et ensuite multiplier cette surface par la hauteur.

On propose pour exemple un cylindre dont le diamètre est de 63 centimètres, et la hauteur de 76.

La base étant un cercle de 63 centimètres de diamètre, je cherche sa circonférence par la proportion 7 : 22 :: 63 : x; je trouve x égal à 198 centimètres. Je multiplie la moitié de la circonférence par le rayon, c'est-à-dire 99 par 31 ½; le produit est 3118 ½ : la surface de la base est donc 3118 ½ centimètres carrés. Cette surface étant multipliée par la hauteur 76, donne 237006; de sorte que la capacité du cylindre proposé est de 237006 centimètres cubes.

J'observe que le litre, nouvelle unité des mesures de capacité, est la même chose que le décimètre cube. Or, un décimètre cube vaut 1000 centimètres cubes, parce qu'un décimètre vaut 10 centimètres, et que le cube de 10 est 1000; donc il faut diviser par 1000 le nombre trouvé 237006, ou simplement séparer les trois derniers chiffres par un point; et l'on aura 237.006; savoir : 237 litres et 6 millièmes, ou seulement 237 litres, la fraction 6 millièmes étant de nulle valeur.

Donc le cylindre proposé, ou la futaille qui peut lui être égale, contient 237 litres.

Si les dimensions du cylindre avaient été exprimées en décimètres, le calcul aurait donné immédiatement des décimètres cubes ou des litres; mais il arrivera rarement que les dimensions se trouvent d'un nombre de décimètres juste; et s'il y a des fractions, autant vaut exprimer le tout en centimètres, et opérer comme il vient d'être fait.

Cette exactitude pourrait être regardée comme suffisante dans les opérations du jaugeage; cependant, pour empêcher les erreurs de s'accumuler, il sera bon de tenir compte des dixièmes de centimètre, qui s'appellent millimètres.

Mais comme alors le calcul donnera la capacité exprimée en millimètres cubes, il faudra ensuite la diviser par 1000000 pour l'exprimer en litres, par cette raison qu'un décimètre vaut 100 millimètres, et qu'ainsi un décimètre cube doit valoir 1000000 de millimètres cubes.

Nous donnerons bientôt les moyens de réduire les calculs de cette sorte à une simple addition; mais il ne sera pas inutile d'en exposer encore tous les détails dans un exemple.

Soit donc proposé de trouver combien de litres sont contenus dans un cylindre dont le diamètre est de 651, et la hauteur de 751 millimètres.

Pour avoir la circonférence de la base, je fais la proportion $7 : 22 :: 651 : x$; je trouve que la valeur de x est 2045, plus la fraction $\frac{1816}{10000}$ que je pourrais omettre sans inconvénient, mais pour laquelle je prendrai $\frac{2}{10}$, ce qui donnera 2045.2 pour la valeur de x.

Je multiplie ensuite la moitié de la circonférence 1022.6 par la moitié du diamètre 325.5; j'ai pour produit 332856.30, ou simplement 332856, en omettant tout à fait la fraction $\frac{30}{100}$, qui est de nulle valeur par rapport à un si grand nombre. La surface de la base du cylindre est donc de 332856 millimètres carrés.

Je multiplie enfin cette surface par la hauteur 751; je trouve pour produit 249974836 : c'est le nombre des millimètres cubes contenus dans le cylindre.

Mais puisqu'il faut 1000000 millimètres cubes pour faire un litre, je divise le nombre trouvé par 1000000, ce qui se fait en séparant les six derniers chiffres par un point; et j'ai 249.974836, savoir 249 litres et 974837 millioniemes de litres; et parce que cette fraction approche beaucoup plus de l'unité que de zéro, on peut dire que la contenance du cylindre est de 250 litres, sans erreur sensible.

Ces opérations sont longues et fastidieuses ; elles ont l'inconvénient de faire calculer beaucoup plus de chiffres qu'il ne faut, puisqu'on est obligé de retrancher les six derniers chiffres du résultat, et que le calcul de la circonférence de la base donne lieu encore à retrancher quelques fractions décimales superflues.

On pourrait sans doute abréger ces opérations par différentes règles fondées sur ce qu'il suffit d'avoir avec exactitude les quatre premiers chiffres de chaque produit ; mais, de tous les moyens d'abréviation, le plus simple est sans contredit le calcul par logarithmes, au moyen desquels les multiplications se réduisent à une simple addition.

C'est sur ce principe que sont construites les tables dont nous allons montrer l'usage.

Explication et usage de la Table.

La première colonne contient les nombres naturels depuis 100 jusqu'à 1000. Dans les autres colonnes sont deux autres sortes de nombres appelés A et B, qui répondent successivement à chacun des nombres naturels.

Les nombres A ne sont autre chose que les logarithmes des nombres naturels. Les nombres B sont formés en ajoutant au double de chaque nombre A le nombre constant 8951, qui dépend du rapport de la circonférence au diamètre.

Les exemples suivants feront voir comment on doit opérer pour avoir la contenance d'un cylindre dont on connaît le diamètre et la hauteur. Cette contenance sera toujours exprimée en litres, dixaines ou centaines de litres.

Premier Exemple.

Soit proposé de trouver la contenance d'un cylindre dont le diamètre est de 651 millimètres, et la hauteur de 751.

Je cherche dans la colonne des nombres naturels la hauteur 751, et je prends à côté le nombre A, qui est 8756

Je cherche également dans la colonne des nombres naturels le diamètre 651, et je prends le nombre correspondant B, qui est 5222

J'ajoute les deux nombres A et B, dont la somme est . . . . , ... 13978

Je retranche de cette somme le premier chiffre 1, et cherchant dans la colonne A le reste 3978, je trouve que le nombre naturel auquel il répond est 250 à très peu près ; d'où je conclus que le cylindre proposé contient 250 litres, ainsi qu'on l'a trouvé ci-dessus par un calcul beaucoup moins prompt.

Deuxième Exemple.

On propose de trouver la contenance d'un tonneau dont les dimensions ont été mesurées ainsi qu'il suit :

Longueur intérieure	972 millimèt.
Diamètre du bouge	860
Diamètre des fonds	764

Je cherche d'abord le diamètre moyen ; et pour cela je prends la différence entre le diamètre du bouge et le diamètre des fonds. Cette différence est 96 : j'en prends le tiers qui est 32 ; je retranche 32 du grand diamètre 860, et j'ai le diamètre moyen 828.

Cela posé, il ne s'agit plus que d'avoir la contenance d'un cylindre dont le diamètre est 828, et la hauteur 972.

Nombre A correspondant à la hauteur 972, ci...........................	9877
Nombre B correspondant au diamètre 828, ci...........................	7312
J'ajoute les deux nombres A et B, et j'ai	17189

dont je retranche le premier chiffre 1. Il reste 7189, que je cherche dans la colonne A, et je trouve qu'il répond à un nombre naturel qui se trouve entre 523 et 524; d'où je conclus que le tonneau proposé contient un peu plus de 523, et moins de 524.

Il serait inutile d'apporter un plus grand nombre d'exemples pour faire entendre l'usage de la table (1).

---

(1) Comme la table ci-après est moins étendue que celle jointe à l'Instruction officielle, puisque celle-ci a été calculée pour les nombres naturels depuis 1 jusqu'à 2000, tandis que la nôtre ne l'est que pour les nombres depuis 100 jusqu'à 1000, il sera bon que nous donnions ici un exemple de la manière d'opérer, dans le cas où les dimensions du tonneau excéderaient 1000 millimètres.

Soit un tonneau dont les dimensions réduites donnent pour diamètre moyen 1246, et pour longueur intérieure 1437.

La table ne contenant les nombres naturels que jusqu'à 1000, on ne peut y trouver directement les nombres A et B correspondant à ces deux nombres naturels 1437 et 1246; mais on peut les déduire de ceux qui se trouvent dans la table, par une opération fort simple.

Voyons d'abord pour le nombre 1437, qui exprime la longueur intérieure.

Supposons que les nombres naturels de la table ont une valeur décuple de celles qu'ils indiquent, et par conséquent un zéro ajouté à chacun d'eux, il est clair que le nombre donné 1437, plus grand que 1430 et plus petit que 1440, doit se trouver entre les deux.

on voit que l'opération se réduit toujours à ajouter deux nombres A et B, dont le premier répond à la longueur

---

Nous prendrons le nombre A correspondant à 1440, qui est ci 1584

et celui qui correspond au 1430, ci. 1553

Ayant retranché le plus petit du plus grand, nous aurons pour différence, ci. 31

Nous multiplierons cette différence par sept dixièmes, ce qui nous donnera. 21 7

Ajoutant ensuite au nombre A 1553

ce produit. 21 7

Nous aurons pour nombre A de 1437, ci. 1574 7

ou bien en supprimant une décimale. 1575

Cherchons maintenant le nombre B correspondant à 1246; pour cet effet, nous prendrons le nombre B de 1250, qui est ci 0889

et celui de 1240, qui est. 0819

Différence. 70

qui, multipliée par 0.6 donne ci. 42

Ajoutons donc 42 à. 0819

nous aurons pour nombre B de 1246, ci. 0861

Nous ajouterons ensuite à ce nombre B le nombre A trouvé ci-dessus. 1575

Et l'addition faite, nous aurons pour la somme, ci. 2436

Nous chercherons le nombre naturel correspondant à ce nombre A 2436, et nous verrons qu'il doit être un peu plus grand que 1750, et beaucoup moins que 1760.

Prenant donc séparément le nombre A de 1760, ci. 2455

et le nombre B de 1750, ci. 2430

nous trouverons pour différence, ci. 25

Et comme la différence de 1760 à 1750 est 10, nous ferons cette proportion 25 : 10 :: 6 : x, dont nous trouverons que la valeur est 2.4. Ajoutant ce produit 2.4 à 1750, nous aurons pour la contenance du tonneau 1752.4, c'est-à-dire, 1752 litres et 4 dixièmes.

intérieure du tonneau, et le second à son diamètre moyen. Cette addition peut être faite, soit avec un crayon sur du papier, soit avec de la craie sur le tonneau même qu'on fait jauger; et il n'en peut résulter aucun embarras dans la pratique.

On pense que cette méthode mérite la préférence sur tout autre par sa simplicité, son exactitude et sa généralité. Mais, pour que ce nouveau mode de jaugeage ait tout le succès qu'on a droit d'attendre des principes sur lesquels il est appuyé, il importe de mesurer les dimensions avec les soins et l'attention nécessaires: c'est sur quoi nous ferons quelques observations.

Du Mesurage des Dimensions.

Il est nécessaire que le jaugeur soit muni d'une mesure de poche, telle qu'un double décimètre divisé en centimètres et millimètres. Il doit avoir, en outre, une règle ou tringle de bois ou de métal assez grande pour mesurer les longueurs des plus grands tonneaux : cette règle doit être divisée très exactement en centimètres, et même, s'il est possible, en millimètres; mais, à la rigueur, on peut se passer de la division en millimètres, et l'on y suppléera, soit par la simple estime, soit par la mesure de poche qui contient les divisions en millimètres.

Pour que la grande règle serve à mesurer la longueur des tonneaux parallèlement à leur axe, il faut que son extrémité soit garnie d'un fer recourbé en forme de syphon, et que la division commence précisément au même point que la tête de ce fer; ce dont il est facile de s'assurer au moyen d'une équerre qui, en touchant à la fois la règle et la tête du fer, doit répondre au point zéro de la division. A l'aide de cet instrument, on mesure la longueur de la pièce en appuyant son extrémité sur l'un des fonds, lui donnant une direction bien parallèle à l'axe de la pièce, et retranchant la saillie du jable qui répond à l'autre extrémité, et qu'on mesure à l'aide du double décimètre; de cette manière, on a la longueur du tonneau, y compris les épaisseurs des deux fonds. Ces épaisseurs sont ordinairement connues par la force des pièces et l'usage des différents pays; mais, en cas de doute, le jaugeur pourra les vérifier en perçant les fonds. Il faudra donc, de la longueur trouvée, retrancher la double épaisseur des fonds, et l'on aura la longueur intérieure du tonneau, élément principal pour la détermination de la capacité.

Ce mesurage se fait très promptement dans la pratique, et d'ailleurs il convient de le répéter en différents points, parce que les fonds peuvent n'avoir pas partout la même épaisseur, et n'être pas implantés bien perpendiculairement à la longueur de la pièce. S'il y a des résultats différents pour la longueur de la pièce, on prendra le milieu entre tous.

Après avoir déterminé la longueur du tonneau, la dimension qu'il importe de mesurer avec le plus de soin est le diamètre du bouge. Ordinairement ce diamètre se mesure au moyen d'un bâton qu'on fait entrer par la bonde, et qu'on tâche d'introduire bien juste dans la direction de l'axe et du centre du tonneau; mais cette mesure, quoique directe, n'est pas bien exacte, parce que le bouge n'est pas un cercle parfait, et qu'il peut être plus ou moins renflé dans certaines parties. Cette manière de mesurer a encore l'inconvénient d'obliger à débondonner le tonneau, et celui d'introduire un corps étranger dans la liqueur. La pratique qui paraît la meilleure à suivre pour cet objet, est d'envelopper le cercle du bouge d'une sorte de ruban le moins extensible qu'il se pourra, et ensuite de mesurer la longueur de ce ruban sur la grande règle du jaugeur : par ce moyen, on a fort exactement la circonférence du bouge, dont on peut ensuite déduire le diamètre par un calcul de proportion. Soit la circonférence extérieure du bouge 3145; nous ferons la proportion 22 : 7 :: 3145 : x, et nous aurons pour la valeur de x 1000.

Il est inutile d'ajouter qu'après avoir trouvé le diamètre extérieur du bouge, on doit en retrancher le double de l'épaisseur des douves, afin d'avoir le diamètre moyen intérieur qui sert de base au calcul de la capacité.

Il nous reste à parler de la manière de mesurer les diamètres des fonds : pour cela, il faut mesurer dans l'un des fonds au moins deux diamètres situés à angles droits l'un à l'égard de l'autre. On prendra la moyenne entre ces deux diamètres, et on aura le diamètre moyen de ce fond; on opèrera semblablement sur l'autre fond, afin de s'assurer si les deux fonds sont égaux : en cas d'inégalité, on prendra le milieu entre les deux diamètres moyens des fonds.

Les diamètres moyens des fonds mesurés à l'extérieur, peuvent être quelque peu plus petits que s'ils étaient mesurés à l'intérieur; mais la différence est légère; et il convient d'autant mieux de la négliger, que l'épaisseur des fonds est amincie vers leur circonférence, et qu'ainsi le diamètre extérieur doit différer très peu du diamètre intérieur.

Au reste, la meilleure manière de mesurer les diamètres des fonds, serait de prendre les intervalles avec un compas d'environ six à sept décimètres de longueur, dont la tête et les pointes seraient en métal, mais dont le corps pourrait être en bois; l'intervalle moyen se mesurerait ensuite sur la grande règle. De cette manière, on évitera tous les embarras que peuvent occasionner la saillie des jables, et la barre dont quelquefois le fond est traversé.

De la Manière de mesurer le vide des Tonneaux.

Quand un tonneau n'est pas entièrement plein, et qu'il y a un déficit notable, on peut demander au jaugeur quelle est la quantité précise du vide. Cette question est la plus difficile de l'art du jaugeur; plusieurs auteurs ont pris beaucoup de peine pour la résoudre, mais leurs recherches n'ont abouti à aucun résultat exact et praticable; aussi les erreurs qui se commettent en ce genre, sont-elles très considérables.

Il faut, autant qu'on peut, éviter ces sortes d'opérations, en constatant la quantité nécessaire pour remplir les tonneaux; mais s'il devient indispensable de jauger le vide d'un tonneau, la meilleure méthode est de placer le tonneau sur son fond, de manière que le fond supérieur soit bien horizontal. Dans cette position, on percera le fond supérieur, on mesurera la profondeur de la liqueur, et on évaluera le vide en le considérant comme un cylindre dont la base est égale au cercle des fonds, et dont la hauteur est la hauteur du vide. Si ce vide était assez considérable pour qu'il fallût avoir égard à l'excès du diamètre inférieur sur le supérieur, on prendrait pour diamètre moyen le diamètre des fonds, plus $\frac{1}{5}$ ou $\frac{1}{6}$ de la hauteur du vide.

Soit, par exemple, le diamètre des fonds .... 534 millimèt.

La hauteur du vide, ou la distance entre la surface de la liqueur et la surface interne du fond 75

Je prends ⅕ de cette hauteur 15

Et j'ajoute ce cinquième au diamètre des fonds, ce qui me donne 549

Ensuite je cherche par la table la capacité d'un cylindre qui a 549 millimètres de diamètre sur 75 de hauteur.

Nombre A répondant à la hauteur 75...	8751
Nombre B répondant au diamètre 549...	3742
Somme	2493

Cette somme étant cherchée parmi les nombres A, on trouve le nombre naturel correspondant 17.8. Il y a donc environ 18 litres de vide dans le tonneau dont il s'agit (1).

---

(1) On fera la même opération avec la jauge logarithmique.

Soit le diamètre des fonds 493 de l'échelle des parties égales; ci 493
La hauteur du vide 69, dont le cinquième ci. 14

507

Le logarithme de 507 est. .... { 705 / 705

Le logarithme de 69 est ci. 839

Total. 249

Dont le nombre naturel est 17.72, expression du vide.

TABLE GÉNÉRALE.

Nombr. natur.	Nombr. A	Nombr. B	Nombr. natur.	Nombr. A	Nombr. B	Nombr. natur.	Nombr. A	Nombr. B
100	0000	8951						
101	0043	9037	131	1173	1296	161	2068	3087
102	0086	9123	132	1206	1362	162	2095	3141
103	0128	9208	133	1239	1428	163	2122	3195
104	0170	9292	134	1271	1493	164	2148	3248
105	0212	9375	135	1303	1558	165	2175	3301
106	0253	9457	136	1335	1622	166	2201	3353
107	0294	9539	137	1367	1685	167	2227	3405
108	0334	9629	138	1399	1748	168	2253	3457
109	0374	9699	139	1430	1811	169	2279	3509
110	0414	9779	140	1461	1873	170	2304	3560
111	0453	9857	141	1492	1935	171	2330	3611
112	0492	9935	142	1523	1997	172	2355	3661
113	0531	0012	143	1553	2058	173	2380	3712
114	0569	0089	144	1584	2118	174	2405	3762
115	0607	0165	145	1614	2178	175	2430	3812
116	0645	0240	146	1644	2238	176	2455	3861
117	0682	0315	147	1673	2297	177	2480	3910
118	0719	0389	148	1703	2356	178	2504	3959
119	0755	0462	149	1732	2415	179	2529	4008
120	0792	0535	150	1761	2473	180	2553	4056
121	0828	0607	151	1790	2530	181	2576	4105
122	0864	0678	152	1818	2588	182	2601	4152
123	0899	0749	153	1847	2645	183	2625	4200
124	0934	0819	154	1875	2701	184	2648	4247
125	0969	0889	155	1903	2758	185	2672	4294
126	1004	0958	156	1931	2813	186	2695	4341
127	1038	1027	157	1959	2869	187	2718	4388
128	1072	1095	158	1987	2924	188	2742	4434
129	1106	1163	159	2014	2979	189	2765	4480
130	1139	1230	160	2041	3033	190	2788	4526

Nombr. natur.	Nombr. A	Nombr. B	Nombr. natur.	Nombr. A	Nombr. B	Nombr. natur.	Nombr. A	Nombr. B
191	2810	4572	221	3444	5839	251	3997	6944
192	2833	4617	222	3464	5878	252	4014	6979
193	2856	4662	223	3483	5917	253	4031	7013
194	2878	4707	224	3502	5956	254	4048	7048
195	2900	4752	225	3522	5995	255	4065	7082
196	2923	4796	226	3541	6033	256	4082	7116
197	2945	4840	227	3560	6071	257	4099	7150
198	2967	4884	228	3579	6110	258	4116	7183
199	2988	4928	229	3598	6148	259	4133	7217
200	3010	4972	230	3617	6186	260	4150	7250
201	3032	5015	231	3636	6223	261	4166	7284
202	3054	5058	232	3655	6261	262	4183	7317
203	3075	5101	233	3674	6298	263	4200	7350
204	3096	5144	234	3692	6335	264	4216	7383
205	3118	5186	235	3711	6372	265	4232	7416
206	3138	5228	236	3729	6409	266	4249	7449
207	3160	5270	237	3747	6446	267	4265	7481
208	3181	5312	238	3766	6482	268	4281	7514
209	3201	5354	239	3784	6519	269	4298	7546
210	3222	5395	240	3802	6555	270	4314	7578
211	3243	5437	241	3820	6591	271	4330	7610
212	3263	5478	242	3838	6627	272	4346	7642
213	3284	5518	243	3856	6663	273	4362	7674
214	3304	5559	244	3874	6699	274	4378	7706
215	3324	5600	245	3892	6734	275	4393	7738
216	3345	5640	246	3909	6770	276	4409	7769
217	3365	5680	247	3927	6805	277	4425	7801
218	3385	5720	248	3945	6840	278	4440	7832
219	3404	5760	249	3962	6875	279	4456	7863
220	3424	5799	250	3979	6910	280	4472	7894

Nombr. natur.	Nombr. A	Nombr. B	Nombr. natur.	Nombr. A	Nombr. B	Nombr. natur.	Nombr. A	Nombr. B
281	4487	7925	311	4928	8806	341	5328	9606
282	4502	7956	312	4942	8834	342	5340	9631
283	4518	7987	313	4955	8862	343	5353	9657
284	4533	8017	314	4969	8890	344	5366	9682
285	4548	8048	315	4983	8917	345	5378	9707
286	4564	8078	316	4997	8945	346	5391	9732
287	4579	8109	317	5011	8972	347	5403	9757
288	4594	8139	318	5024	8999	348	5416	9782
289	4609	8169	319	5038	9027	349	5428	9807
290	4624	8199	320	5051	9054	350	5441	9832
291	4639	8229	321	5065	9081	351	5453	9857
292	4654	8259	322	5079	9108	352	5465	9882
293	4669	8288	323	5092	9135	353	5478	9906
294	4683	8318	324	5105	9162	354	5490	9931
295	4698	8347	325	5119	9189	355	5502	9955
296	4713	8377	326	5132	9215	356	5514	9980
297	4728	8406	327	5145	9242	357	5527	0004
298	4742	8435	328	5159	9268	358	5539	0029
299	4757	8464	329	6172	9295	359	5551	0053
300	4771	8493	330	5185	9321	360	5563	0077
301	4786	8522	331	5198	9347	361	5575	0101
302	4800	8551	332	5211	9374	362	5587	0125
303	4814	8580	333	5224	9400	363	5599	0149
304	4829	8608	334	5237	9426	364	5611	0173
305	4843	8637	335	5250	9452	365	5623	0197
306	4857	8665	336	5263	9478	366	5635	0221
307	4871	8694	337	5276	9504	367	5647	0244
308	4886	8722	338	5289	9529	368	5658	0268
309	4900	8750	339	5302	9555	369	5670	0291
310	4914	8778	340	5315	9580	370	5682	0315

Nombr. natur.	Nombr. A	Nombr. B	Nombr. natur.	Nombr. A	Nombr. B	Nombr. natur.	Nombr. A	Nombr. B
371	5694	0338	401	6031	1014	431	6345	1640
372	5705	0362	402	6042	1035	432	6355	1660
373	5717	0385	403	6053	1057	433	6365	1681
374	5729	0408	404	6064	1079	434	6375	1701
375	5740	0432	405	6075	1100	435	6385	1721
376	5752	0455	406	6085	1121	436	6395	1741
377	5763	0478	407	6096	1143	437	6405	1761
378	5775	0501	408	6107	1164	438	6415	1780
379	5786	0524	409	6117	1185	439	6425	1800
380	5798	0547	410	6128	1207	440	6435	1820
381	5809	0569	411	6138	1228	441	6444	1840
382	5821	0592	412	6149	1249	442	6454	1859
383	5832	0615	413	6159	1270	443	6464	1879
384	5843	0638	414	6170	1291	444	6474	1899
385	5855	0660	415	6180	1312	445	6484	1918
386	5866	0683	416	6191	1333	446	6493	1938
387	5877	0705	417	6201	1354	447	6503	1957
388	5888	0728	418	6212	1374	448	6513	1976
389	5900	0750	419	6222	1395	449	6522	1996
390	5911	0772	420	6232	1416	450	6532	2015
391	5922	0794	421	6243	1436	451	6542	2034
392	5933	0817	422	6253	1457	452	6551	2054
393	5944	0839	423	6263	1478	453	6561	2073
394	5955	0861	424	6274	1498	454	6571	2092
395	5966	0883	425	6284	1519	455	6580	2111
396	5977	0905	426	6294	1539	456	6590	2130
397	5988	0927	427	6304	1559	457	6599	2149
398	5999	0949	428	6314	1580	458	6609	2168
399	6010	0970	429	6325	1600	459	6618	2187
400	6021	0992	430	6335	1620	460	6628	2206

Nombr. natur.	Nombr. A	Nombr. B	Nombr. natur.	Nombr. A	Nombr. B	Nombr. natur.	Nombr. A	Nombr B
461	6637	2225	491	6911	2773	521	7168	3288
462	6646	2244	492	6920	2790	522	7177	3304
463	6656	2262	493	6928	2808	523	7185	3321
464	6665	2281	494	6937	2825	524	7193	3338
465	6674	2300	495	6946	2843	525	7202	3354
466	6684	2319	496	6955	2861	526	7210	3371
467	6693	2337	497	6964	2878	527	7218	3387
468	6702	2356	498	6972	2895	528	7226	3404
469	6712	2374	499	6981	2913	529	7235	3420
470	6721	2393	500	6990	2930	530	7243	3436
471	6730	2411	501	6998	2948	531	7251	3453
472	6739	2430	502	7007	2965	532	7259	3469
473	6749	2448	503	7016	2983	533	7267	3485
474	6758	2466	504	7024	3000	534	7275	3502
475	6767	2485	505	7033	3017	535	7284	3518
476	6776	2503	506	7042	3034	536	7292	3534
477	6785	2521	507	7050	3051	537	7300	3550
478	6794	2539	508	7059	3068	538	7308	3567
479	6803	2558	509	7067	3085	539	7316	3583
480	6812	2576	510	7076	3102	540	7324	3599
481	6821	2594	511	7084	3119	541	7332	3615
482	6830	2612	512	7093	3136	542	7340	3631
483	6839	2630	513	7101	3153	543	7348	3647
484	6848	2648	514	7110	3170	544	7356	3663
485	6857	2666	515	7118	3187	545	7364	3679
486	6866	2684	516	7126	3204	546	7372	3695
487	6875	2702	517	7135	3221	547	7380	3711
488	6884	2719	518	7143	3238	548	7388	3727
489	6893	2737	519	7152	3254	549	7396	3742
490	6902	2755	520	7160	3271	550	7404	3758

Nombr. natur.	Nombr. A	Nombr. B	Nombr. natur.	Nombr. A	Nombr. B	Nombr natur.	Nombr. A	Nombr. B
551	7412	3774	581	7642	4234	611	7860	4672
552	7419	3790	582	7649	4249	612	7867	4686
553	7427	3805	583	7657	4264	613	7875	4700
554	7435	3821	584	7664	4279	614	7882	4714
555	7443	3837	585	7672	4294	615	7889	4728
556	7451	3852	686	7679	4309	616	7896	4743
557	7459	3868	587	7686	4324	617	7903	4757
558	7466	3884	588	7694	4338	618	7910	4771
559	7474	3899	589	7701	4353	619	7917	4785
560	7482	3915	590	7709	4368	620	7924	4799
561	7490	3930	591	7716	4383	621	7931	4813
562	7497	3946	592	7723	4397	622	7938	4827
563	7505	3961	593	7731	4412	623	7945	4841
564	7513	3976	594	7738	4427	624	7952	4855
565	7520	3992	595	7745	4441	625	7959	4869
566	7528	4007	596	7752	4456	626	7966	4882
567	7536	4023	597	7760	4470	627	7973	4896
568	7543	4038	598	7767	4485	628	7980	4910
569	7551	4053	599	7774	4499	6-9	7987	4924
570	7559	4068	600	7782	4514	630	7993	4938
571	7566	4084	601	7789	4528	631	8000	4951
572	7574	4099	602	7796	4543	632	8007	4965
573	7582	4114	603	7803	4557	633	8014	4979
574	7589	4129	604	7810	4572	634	8021	4993
575	7597	4144	605	7818	4586	635	8028	5006
576	7604	4159	606	7825	4600	636	8035	5020
577	7612	4174	607	7832	4615	637	8041	5034
578	7619	4189	608	7839	5629	638	8048	5047
579	7627	4204	609	7846	4643	639	8055	5061
580	7634	4219	610	7853	4657	540	8062	5074

Nombr. natur.	Nombr. A	Nombr. B	Nombr. natur.	Nombr. A	Nombr. B	Nombr. natur.	Nombr. A	Nombr. B
641	8069	5088	671	8267	5485	701	8457	5865
642	8075	5102	672	8274	5498	702	8463	5878
643	8082	5115	673	8280	5511	703	8470	5890
644	8089	5129	674	8287	5524	704	8476	8902
645	8096	5142	675	8293	5537	705	8482	5915
646	8102	5156	676	8299	5550	706	8488	5927
647	8109	5169	677	8306	5563	707	8494	5939
648	8116	5182	678	8312	5576	708	8500	5952
649	8122	5196	679	8319	5588	709	8506	5964
650	8129	5209	680	8325	5601	710	8513	5976
651	8136	5222	681	8331	5614	711	8519	5988
652	8142	5236	682	8338	5627	712	8525	6001
653	8149	5249	683	8344	5639	713	8531	6013
654	8156	5262	684	8351	5652	714	8537	6025
655	8162	5276	685	8357	5665	715	8543	6037
656	8169	5289	686	8363	5677	716	8549	6049
657	8176	5302	687	8370	5690	717	8555	6061
658	8182	5315	688	8376	5703	718	8561	6073
659	8189	5329	689	8382	5715	719	8567	6085
660	8195	5342	690	8388	5728	720	8573	6098
661	8202	5355	691	8395	5740	721	8579	6110
662	8209	5368	692	8401	5753	722	8585	6122
663	8215	5381	693	8407	5766	723	8591	613[illegible]
664	8222	5394	694	8414	5778	724	8597	6146
665	8228	5407	695	8420	5791	725	8603	6158
666	8235	5420	696	8426	5803	726	8609	6170
667	8241	5433	697	8432	5816	727	8615	618[illegible]
668	8248	5446	698	8439	5828	728	8521	619[illegible]
669	8254	5459	690	8445	5840	729	8627	620[illegible]
670	8261	5472	700	8451	5853	730	8633	621[illegible]

Nombr. natur.	Nombr. A	Nombr. B	Nombr. natur.	Nombr. A	Nombr. B	Nombr. natur.	Nombr. A	Nombr. B
731	8639	6229	761	8814	6579	791	8982	6914
732	8645	6241	762	8820	6590	792	8987	6925
733	8651	6253	763	8825	6601	793	8993	6936
734	8657	6265	764	8831	6613	794	8998	6947
735	8663	6277	765	8837	6624	795	9004	6958
736	8669	6289	766	8842	6635	796	9009	6969
737	8675	6300	767	8848	6647	797	9015	6980
738	8681	6312	768	8854	6658	798	9020	6991
739	8686	6324	769	8859	6669	999	9025	7002
740	8692	6336	770	8865	6681	800	9031	7013
741	8698	6347	771	8871	6692	801	9036	7024
742	8704	6359	772	8876	6703	802	9042	7034
743	8710	6371	773	8882	6714	803	9047	7045
744	8716	6382	774	8887	6726	804	9053	7056
745	8722	6394	775	8893	6737	805	9058	7067
746	8727	6406	776	8899	6748	806	9063	7078
747	8733	6417	777	8904	6759	807	9069	7088
748	8739	6429	778	8910	6771	808	9074	7099
749	8745	6440	779	8915	6782	809	9079	7110
750	8751	6452	780	8921	6793	810	9085	7121
751	8756	6464	781	8927	6804	811	9090	7131
752	8762	6475	782	8932	6815	812	9096	7142
753	8768	6487	783	8938	6826	813	9101	7153
754	8774	6498	784	8943	6837	814	9106	7163
755	8779	6510	785	8949	6848	815	9112	7174
756	8785	6521	786	8954	6859	816	9117	7185
757	8791	6533	789	8960	6870	819	9122	7195
758	8797	6544	788	8965	6882	818	9128	7206
759	8802	6556	789	8971	6892	819	9133	7216
760	8808	6567	790	8976	6903	820	9138	7227

Nombr. natur.	Nombr. A.	Nombr. B.	Nombr. natur.	Nombr. A	Nombr. B	Nombr. natur.	Nombr. A	Nombr. B
821	9143	7238	851	9299	7550	881	9450	7851
822	9149	7249	852	9304	7560	882	9455	7860
823	9154	7259	853	9309	7570	883	9460	7870
824	9159	7270	854	9315	7580	884	9465	7880
825	9165	7281	855	9320	7590	885	9469	7890
826	9170	7291	856	9325	7600	886	9474	7900
827	9175	7301	857	9330	7610	887	9479	7909
828	9180	7312	858	9335	7620	888	9484	7919
829	9186	7322	859	9340	7631	889	9489	7929
830	9191	7332	860	9345	7641	890	9494	7939
831	9196	7343	861	9350	7651	891	9499	7948
832	9201	7353	862	9355	7661	892	9504	7958
833	9206	7364	863	9360	7671	893	9509	7968
834	9212	7374	864	9365	7681	894	9513	7978
835	9217	7385	865	9370	7691	895	9518	7987
836	9222	7395	866	9375	7701	896	9523	7997
837	9227	7405	867	7380	7711	897	9528	8007
838	9232	7416	868	9385	7721	898	9533	8016
839	9238	7426	869	9390	7731	899	9538	8026
840	9243	7436	870	9395	7741	900	9542	8036
841	9248	7447	871	9400	7751	901	9547	8045
842	9253	7457	872	9405	7761	902	9552	8055
843	9258	7467	873	9410	7771	903	9557	8065
844	9263	7478	874	9415	7781	904	9562	8074
845	9269	7488	875	9420	7791	905	9567	8084
846	9274	7498	876	9425	7801	906	9571	8093
847	9279	7509	877	9430	7811	907	9576	8103
848	9284	7519	878	9435	7821	908	9581	8113
849	9289	7529	879	9440	7831	909	9586	8122
850	9294	7539	880	9445	7841	910	9590	8132

Nombr. natur.	Nombr. A	Nombr. B	Nombr. natur.	Nombr. A	Nombr. B	Nombr. natur.	Nombr. A	Nombr. B
911	9595	8141	941	9736	8423	971	9872	8695
912	9600	8151	942	9741	8432	972	9877	8704
913	9605	8160	943	9745	8441	973	9881	8713
914	9609	8170	944	9750	8450	974	9886	8722
915	9614	8179	945	9754	8460	975	9890	8731
916	9619	8189	946	9759	8469	976	9894	8740
917	9624	8198	947	9763	8478	977	9899	8749
918	9628	8208	948	9768	8487	978	9903	8757
919	9633	8217	949	9773	8496	979	9908	8766
920	9638	8227	950	9777	8505	980	9912	8775
921	9643	8236	951	9782	8515	981	9917	8784
922	9647	8246	952	9786	8524	982	8921	8793
923	9652	8255	953	9791	8533	983	9926	8802
924	9657	8264	954	9795	8542	984	9930	8811
925	9661	8274	955	9800	8551	985	9934	8820
926	9666	8283	956	9805	8560	986	9939	8828
927	9671	8293	957	9809	8569	987	9943	8837
928	9675	8302	958	9814	8578	988	9948	8846
929	9680	8311	959	9818	8587	989	9952	8855
930	9685	8321	960	9823	8596	990	9956	8864
931	9689	8330	961	9827	8605	991	9961	8872
932	9694	8339	962	9832	8614	992	9965	8881
933	9699	8349	963	9836	8623	993	9969	8890
934	9703	8358	964	9841	8632	994	9974	8899
935	9708	8367	965	9845	8641	995	9978	8907
936	9713	8376	966	9850	8650	996	9982	8916
937	9717	8386	967	9854	8659	997	9987	8925
938	9722	8395	968	9859	8668	998	9991	8933
939	9727	8404	969	9863	8677	999	9996	8942
940	9731	8413	970	9868	8686	1000	0000	8951

ADDITION

A l'Explication de la Jauge logarithmique.

Nous avons dit, page 17, que l'on pourrait fort bien se dispenser de plonger la jauge dans les tonneaux, en se servant, pour mesurer le diamètre du bouge, d'une verge de fer ou d'un bâton quelconque, non divisés, et en reportant ensuite sur la jauge la quantité marquée. Nous avons fait exécuter pour cet usage un instrument dont l'emploi est très commode.

Il consiste en une tringle ronde de fer AB, fig. 1re., terminée à l'une de ses extrémités B par une poignée, et sur laquelle glisse un anneau à ressort CD. Au bord inférieur de cet anneau est fixé un crochet saillant D, disposé de manière que sa partie supérieure forme une même ligne avec son bord inférieur.

Lorsqu'on veut mesurer le diamètre du bouge d'un tonneau, on introduit cette verge par l'ouverture *fg* de la bonde, et l'on y fait entrer en même temps le crochet D; après quoi l'extrémité A de la verge restant appliquée au fond du bouge le plus perpendiculairement qu'il se peut, on retire l'anneau CD jusqu'à ce que le crochet D touche le bord intérieur de la douve, comme on le voit dans la figure 1re.

Alors, sans déranger le crochet, on retire la verge du tonneau, on la porte contre la jauge, en appuyant son extrémité inférieure A contre le talon T, qui est au pied de la jauge, fig. 2, au point où commencent les échelles; on fait couler la boîte E de la jauge, jusqu'à ce que le bord servant d'index réponde au bord du crochet; et le nombre qui se trouve marqué sur la jauge est l'expression du diamètre du bouge.

Le même instrument sert encore à prendre le diamètre des fonds.

On applique l'extrémité A, fig. 3, de la verge dans l'angle que forment le jable et le fond; et plaçant la verge le plus exactement qu'il se peut dans la direction du diamètre, on fait couler l'anneau CD jusqu'à ce que le crochet D corresponde au point diamétralement opposé.

On fait cette opération sur les deux fonds, et en différents sens, pour s'assurer s'ils sont bien ronds et égaux; dans le cas contraire, on prend un terme moyen entre les différents diamètres.

Le diamètre des fonds étant marqué sur la verge, on la transporte, comme la première fois, contre la jauge, en appliquant encore son extrémité inférieure A contre le talon T, fig. 2. Le point auquel correspond le bord de l'anneau est l'expression du diamètre des fonds.

Il s'agit ensuite de prendre, entre le diamètre du bouge et celui des fonds, le diamètre moyen; ce qui se fait en retranchant du plus grand le tiers de la différence; et nous avons indiqué, pour faire cette opération sans être obligé de recourir au calcul, l'usage d'un compas de réduction : mais ayant depuis considéré que l'emploi de ce moyen pouvait être dangereux, nous avons imaginé d'y en substituer un autre plus simple et plus commode.

HI, fig. 4, est une règle de cuivre mince, de la largeur de la jauge, et qui glisse dans une boîte MN, sur le bord M de laquelle est fixée d'équerre une pièce de cuivre MO, comme l'indique le plan, fig. 5.

La règle HI est partagée en deux, suivant sa longueur, et sur chacune de ces parties est tracée une échelle particulière.

L'échelle à gauche H contient douze des divisions de la jauge, et elles sont numérotées, à partir du sommet H, des chiffres 1, 2, 3, etc.

L'échelle à droite I contient également douze divisions numérotées de même, à partir du point I, des chiffres 1, 2, 3, 4, etc. : mais ces divisions, plus petites que les autres, sont telles que trois parties de cette seconde échelle répondent à deux parties de la première.

Une petite lame de cuivre *a b* fixée au milieu du bord MN de la coulisse, porte deux nonius qui servent à diviser chaque partie de l'échelle à laquelle ils se rapportent, en dix autres parties.

Un mentonet *e*, attaché au sommet I de la règle, sert à la faire monter et descendre dans la coulisse. Voici l'usage de cet instrument.

Toutes choses étant disposées comme nous les avons laissées tout à l'heure; c'est-à-dire, le diamètre du bouge étant marqué au point H, fig. 4, et le diamètre des fonds étant indiqué au point N par le bord inférieur de l'anneau CD, on placera la boîte MN sur la jauge, de manière que son bord supérieur MN se trouve exactement sur la même ligne que le bord inférieur de l'anneau CD, après quoi on pourra enlever la verge AB.

On aura alors la différence du diamètre des fonds à celui du bouge, exprimée par l'espace MH. Si, les choses étant en cet état, on fait glisser la règle HI jusqu'à ce que son bord HI touche la boîte E servant d'index, il est clair que l'échelle H donnera l'expression de cette différence par le nombre des divisions qui seront marquées par son nonius *a*. Nous supposerons qu'elle est de 8 et 6 dixièmes : soit 8.6. Si alors on fait rentrer la règle dans sa coulisse jusqu'à ce que le nonius *b* marque 8.6 de l'échelle I, il est évident qu'en faisant descendre la boîte de la jauge E jusqu'à ce que le bord servant d'index touche le bord HI de la règle, on aura le diamètre moyen du tonneau, c'est-à-dire le grand diamètre diminué du tiers de la différence; et l'on pourra de suite prendre le logarithme de ce diamètre moyen : ainsi l'on sera dispensé de tout calcul, et l'opération se fera avec toute la célérité et l'exactitude désirables.

Nous avons indiqué, pour mesurer le diamètre du bouge d'un tonneau sans y introduire la jauge, l'emploi d'un autre moyen, qui consiste à l'envelopper d'un ruban dont les divisions sont telles, qu'en mesurant la circonférence, on trouve le diamètre, dont il ne reste plus qu'à retrancher la double épaisseur des douves. Nous avons dit aussi que lorsqu'on aurait à jauger un tonneau plus grand que la jauge, on pourrait mesurer sa longueur en deux fois.

Mais, dans l'un et l'autre cas, cette manière de procéder nous a paru pouvoir être rendue plus facile et plus sûre, lors surtout qu'il s'agit de vaisseaux d'une grandeur considérable, tels que des foudres ou des cuves, sur la longueur desquels il faudrait reporter plusieurs fois la jauge, ou dont on ne pourrait mesurer la circonférence avec un ruban, sans s'exposer à le rompre ou à le faire alonger très sensiblement.

Nous avons imaginé un moyen qui n'a pas les mêmes inconvénients. Il consiste dans l'emploi de deux roulettes, dont l'une est destinée à mesurer la longueur intérieure des vaisseaux, et l'autre leur diamètre, en mesurant la circonférence.

Comme ces deux roulettes sont absolument semblables, à la grandeur près, nous ne décrirons ici que la petite, destinée à mesurer les longueurs; après quoi nous expliquerons l'usage de l'une et de l'autre.

Les figures 6 et 7 représentent cette roulette sous deux faces; A est un disque de cuivre dont la circonférence est égale à dix des divisions de la jauge: elle est divisée en dix parties, ensorte que chaque partie est représentative d'une des divisions de la jauge; celles-ci peuvent encore être divisées en dix parties chacune; mais il suffit qu'elles le soient en deux.

Dans l'épaisseur de ce disque est pratiquée une gorge en spirale, sur laquelle appuie un ressort R dont la chute, à chaque tour que fait le disque, indique le nombre de ses révolutions.

Cette roulette est fixée par un axe C dans une chape, à laquelle est adapté un index I qui, par sa correspondance avec les divisions tracées sur la circonférence, indique combien de dixièmes et même de centièmes il faut ajouter au nombre des révolutions qu'a faites la roulette au moment où elle s'arrête.

Le tout est attaché à un manche M au moyen duquel on conduit l'instrument.

S'il s'agit de jauger un tonneau plus grand que la jauge, on commencera par prendre sa longueur extérieure avec un bâton, une règle, une corde ou une chaîne; on la portera sur une planche ou contre un mur bien uni; on mesurera ensuite la saillie des jables et l'épaisseur des fonds; on la retranchera de la longueur marquée; après quoi l'index de la roulette étant au point o, on appliquera ce point o sur le trait qui marque l'une des extrémités de la longueur intérieure du tonneau, et on la conduira jusqu'au trait qui marque l'autre extrémité, observant de compter les révolutions que fera la roulette, et qui seront indiquées à l'oreille par la chute du ressort.

Nous supposons qu'ayant ainsi mesuré la longueur intérieure d'un tonneau, on l'ait trouvée de 21 révolutions, et que l'index marque de plus 7 dixièmes et environ 3 centièmes; la longueur totale sera de 2173 : on placera l'index de la jauge sur ce nombre 2173, et l'on verra de suite que le logarithme correspondant est 337.

Pour mesurer les diamètres par le moyen des circonférences, on se servira de la grande roulette.

Nous supposerons, pour rendre l'opération plus sensible, que le vaisseau qu'il s'agit de jauger est placé debout sur un de ses fonds, et que l'on peut circuler librement autour. Après avoir fait un trait à l'endroit où l'on veut commencer le mesurage, on y posera le point o de la roulette, et on la promènera ensuite le plus horizontalement qu'il se pourra, jusqu'à ce que l'on soit revenu au point de départ, et que l'index y coïncide.

Mais il est bien rare qu'une cuve soit isolée de manière que l'on puisse circuler librement autour d'elle, et la chose est encore moins praticable s'il est question d'un tonneau placé horizontalement. Dans ce cas, on prendra la circonférence avec une corde, ou mieux encore avec une petite chaîne, dont il est toujours à propos que le jaugeur soit muni ; on la portera sur une règle, une planche ou un mur bien uni, après quoi on opérera comme nous l'avons indiqué tout à l'heure pour la longueur intérieure. Il est bien entendu que, dans tous les cas, il faudra retrancher du diamètre trouvé la double épaisseur des douves.

Supposons qu'après avoir ainsi mesuré les différents diamètres, on en ait déduit le diamètre moyen, égal à 1841 ; on marquera ce nombre sur l'échelle des nombres naturels de la jauge, et l'on verra de suite que le logarithme correspondant est 265, que l'on écrira deux

fois, ci..................................	265 265
On écrira au-dessous le logarithme de la longueur trouvée ci-dessus.................	337
et la somme de ces trois logarithmes étant...	867

en plaçant l'index de la jauge sur ce logarithme 867, on verra que le nombre naturel correspondant est 736, ce qui indiquera que la contenance du vaisseau dont il s'agit est de 736 litres.

On peut fort bien faire toutes ces opérations avec la petite roulette seule ; mais comme alors les résultats du mesurage des circonférences ne donneront point les diamètres, il sera nécessaire de les déduire par le rapport de 7 à 22.

Supposons que par une pareille opération, on ait trouvé 83 révolutions de la roulette, plus 3 dixièmes et 4 centièmes : soit 8334 parties de la jauge ; on fera cette proportion $22 : 7 :: 8334 : x$, et l'on trouvera pour la valeur de x 2654.

Mais ce calcul se fera très promptement à l'aide de l'arithmographe ou cadran logarithmique, en plaçant le nombre 22 du cadran intérieur sous le nombre 7 du cadran extérieur, et en cherchant sur celui-ci le nombre correspondant à 833, que l'on trouvera être 265.

Nous avons indiqué, pour faire les opérations du jaugeage avec la simple échelle des parties égales, l'emploi de l'*Arithmographe* ou *Cadran logarithmique* ; mais puisque l'on peut mesurer les diamètres et les longueurs avec la petite roulette, il s'ensuit qu'on pourra faire très-facilement et très promptement les mêmes opérations avec ce seul instrument et l'Arithmographe. En voici un exemple :

Supposons que la circonférence du bouge, prise avec la chaîne, ait donné une ligne égale à AB, fig. 8; mesurez cette ligne avec la roulette, et l'ayant trouvée, par exemple, de 1900 parties, faites avec l'Arithmographe cette proportion 22 : 7 :: 1900 : x, dont vous trouverez pour quatrième terme 605 ; mesurez avec la roulette, sur cette même ligne, une quantité AC égale à 605, et marquez-la d'un trait C; prenez l'épaisseur d'une douve et portez-la deux fois sur AC, de C en D, par exemple, il vous restera pour le diamètre intérieur du bouge la ligne AD.

Prenez maintenant le diamètre des fonds, que nous supposons égal à AE; retranchez de AD le tiers FD de la différence ED (1); puis mesurez avec la roulette la ligne AF, qui est le diamètre moyen : nous supposons que cet espace est de 530 parties.

Placez la flèche de l'Arithmographe sur 530, et de suite ramenez-la sur le point du cadran extérieur auquel correspond le même nombre 530, pris à son tour dans le cadran intérieur; puis laissez l'instrument dans cet état pour vous occuper du mesurage de la longueur.

Prenez avec une règle ou la chaîne, la longueur d'une des douves du tonneau, que nous supposons égale à la ligne MN; retranchez de cette ligne le double de la saillie des jables et de l'épaisseur des fonds, ce qui la

(1) Pour prendre, sans être obligé de faire aucun calcul, le tiers de la différence entre le diamètre du bouge et celui des fonds, on pourra se servir d'une règle de bois ou de métal, sur un des bords de laquelle seront tracées plusieurs divisions de la jauge, et sur l'autre bord seront des divisions d'un tiers plus petites, telles qu'on les voit fig. 4, mais dont chaque partie sera divisée en dix autres. On mesurera la différence des diamètres avec les divisions de l'échelle H; puis on retournera la règle, et l'on prendra un pareil nombre des divisions de l'échelle I. Ainsi, par exemple, si, après avoir mesuré la différence des diamètres ED, fig. 8, avec l'échelle H, on l'a trouvée de 6 parties et 4 dixièmes, on retournera la règle, et l'on marquera sur la ligne ED le point F, auquel correspondra le nombre 6.4 de l'échelle I.

réduira, par exemple, à MO; mesurez cette ligne MO avec la roulette, et l'ayant trouvée de 68 parties, cherchez sur le cadran extérieur de l'Arithmographe le nombre correspondant à 68, pris dans le cadran intérieur, vous trouverez que c'est 191, ce qui vous indiquera que la contenance du vaisseau est de 191 litres.

Les pièces indiquées dans cette Addition se trouvent, ainsi que la Jauge, aux prix ci-après, chez le sieur Kutsch, cessionnaire du brevet d'invention accordé à l'Auteur, et en vertu duquel il poursuivra les contrefacteurs.

Son adresse est à Paris, rue de la Tixeranderie, n°. 60.

PRIX

de la Jauge logarithmique.....	50. fr.
de la Tringle de fer, fig. 1re....	4.
de la Règle à coulisse, fig. 4...	10.
de la grande Roulette, fig. 6 et 7.	18.
de la petite Roulette..........	12.

L'Arithmographe, publié originairement sous le nom de Cadran logarithmique, se trouve à Paris, chez l'Auteur, M. Gattey, *membre du conseil des poids et mesures*, rue d'Enfer, n°. 9, aux prix suivants:

En carton..............	9. fr.
En fer blanc..............	16.
En cuivre..............	21.

Les lettres doivent être affranchies.

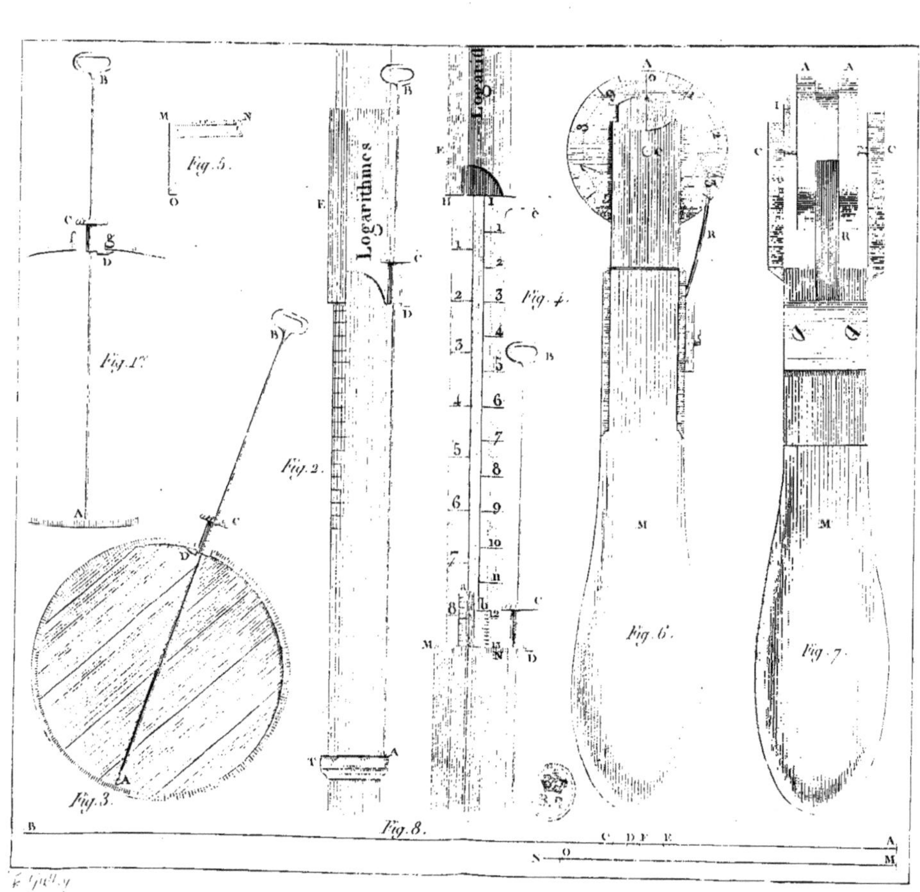
Fig. 1re
Fig. 2.
Fig. 3.
Fig. 4.
Fig. 5.
Fig. 6.
Fig. 7.
Fig. 8.
Logarithmes

www.ingramcontent.com/pod-product-compliance
Lightning Source LLC
LaVergne TN
LVHW050433160826
845677LV00002BA/681

* 9 7 8 2 3 2 9 6 8 0 3 8 5 *